古生物传奇系列⑧

鹦鹉嘴龙幼儿园

李宏蕾 邢立达◎主编　　[德]亨德里克·克莱因◎科学顾问　　新曦雨◎绘

吉林科学技术出版社

鹦鹉嘴龙　见解说1

1.23 亿年前，当时还处于白垩纪早期，地球上遍布着火山和丛林。

在丛林之中生活着多种多样的生物，在层层密林的掩盖下，这些动物们快乐地生活着，但又必须时刻提防着危险的到来。

在其中一片丛林中，有一大片由巨大的岩石组成的地方。这里有很多能够遮风避雨的洞穴，还生长着茂密的灌木，这对植食性恐龙来说是一个绝佳的栖居地。

所以，对于鹦鹉嘴龙来讲，把这里当作家园是再好不过啦！

这片被岩石围绕的区域对于身材娇小的鹦鹉嘴龙来说，简直宛如天堂。这里不仅有充足的食物，而且距离水源地也特别近。最重要的是，现在正是鹦鹉嘴龙繁殖的季节，这些小动物们将巢建在灌木丛里面和石头下面，可比在别的地方安全得多呢！

　　现在，新生的鹦鹉嘴龙宝宝们已经陆陆续续地破壳而出了，整片岩石区的鹦鹉嘴龙们都沉浸在迎接新生儿的喜悦之中。

　　鹦鹉嘴龙安安也是这些新妈妈中的一员，它的孩子还没有出生，安安有些焦急。这些天它一直在巢旁边寸步不离，期盼着自己的孩子们快一点破壳而出，想早一点见到它们。

　　在等待的过程中，族群里的伙伴们会给它带来一些食物，这是一群非常团结的鹦鹉嘴龙，照顾同伴对它们来说是理应的事情。

安安刚刚吃完伙伴们带来的食物，正揽着自己的蛋宝宝们要进入梦乡的时候，突然听到了一些细微的声响。

　　最开始是"笃笃笃"的声音，紧接着是"咔咔"的声音。这些稀奇古怪的声音并没有引起安安的注意，看来这位新妈妈经验还是太少啦！直到它迷迷糊糊地睁开眼睛，才发现原来是自己的孩子们破壳而出了！

这些宝宝们虽然出生晚，但是很健康，也很活泼，它们摇摇晃晃地从蛋壳里爬了出来，在妈妈建造的坚实又温暖的巢里翻滚来翻滚去。这里太好玩了，比黑漆漆的蛋壳里要好玩多了，有一只还正打算爬到外面去看看呢！

　　安安急忙把快要爬出巢去的孩子叼回来，这太危险了，它差一点就掉出去了！等孩子们适应了新环境，安安就会带着它们搬去另一个群居地，其他的鹦鹉嘴龙宝宝们也都在那里。

作为小型植食性恐龙中的一员，年幼的鹦鹉嘴龙们从一出生就面临着许多危险，这个世界上能伤害到它们的掠食者太多了。为了更好地保护孩子们，鹦鹉嘴龙妈妈们会将它们集中到一个非常安全的地方，和族群里健壮的鹦鹉嘴龙一起照顾它们。

我们的安安也不例外，它将孩子们带到了大岩石下的洞穴中，那里就是小鹦鹉嘴龙们的"幼儿园"。

这个被当作"幼儿园"的洞穴隐蔽极了，就连安安也花了好长时间才找到。现在，"幼儿园"里已经有了不少小鹦鹉嘴龙了，它们全都好奇地看着新来的小伙伴。

　　安安看到自己的宝宝还有些怕生，就温柔地用嘴推了推它们，鼓励它们去和小伙伴们打招呼。几只小鹦鹉嘴龙怯怯地走上前去，好奇地看着面前这些和它们长得很像的小伙伴们。

　　宝宝们很快就和其他的小鹦鹉嘴龙成了好朋友。负责提供食物的鹦鹉嘴龙给它们带来了鲜嫩多汁的叶子，看到这些美味，小家伙们立刻就扑上去吃了起来。

　　刚刚出生还没吃过叶子的小鹦鹉嘴龙们站着看了一会儿，见伙伴们都吃得很开心，才凑上去尝了尝。

　　它们这才发现这些绿油油的东西简直太好吃了，于是争先恐后地吃了起来。

饱餐之后，小家伙们都安安静静地在洞穴里休息。安安和原本守在山洞里的同伴换了班，让还饿着肚子的同伴去觅食。它自己也想在这些刚出生的孩子身边多待一会儿，毕竟这是它第一次做妈妈。

　　小家伙们很快就都睡着了，安安怕吵醒它们，轻手轻脚地走到洞口附近，卧在那里观察着附近的状况，顺便晒晒太阳。

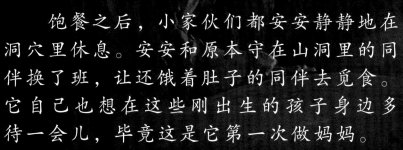

　　微风吹在身上太舒服了，安安想，这要是能睡上一觉的话可真是太完美了。不过它可不能轻易睡过去，它还要保护身后的孩子们呢！

　　刚休息了没一会儿，它就听到一些窸窸窣窣的声音。安安抬头一看，原来是一只顽皮的小家伙从洞穴里跑了出来，正伸长了脖子看着远处的灌木丛呢。这个小家伙是最早出生的那一批，现在已经长得很结实了，胆子也变得越来越大。

安安顺着它的视线看向那片灌木丛，它发现茂盛的枝叶下面藏着一只小恐龙，它的四肢上长着漂亮的飞羽，细长的尾尖上也有扇子形状的尾羽，浑身的羽毛在阳光下还能折射出美丽的光晕。

　　原来是一只小盗龙，小盗龙很小，不会伤害到成年鹦鹉嘴龙，可对于落单的鹦鹉嘴龙幼崽来说，它可是一个巨大的威胁。

小盗龙　见解说 11

安安立刻用叫声驱赶它，想让它快点离开这里。小盗龙才不愿意与成年鹦鹉嘴龙发生冲突，所以它立刻转头跑掉了。

小盗龙离开了，安安用前肢推了推那个顽皮的小家伙，让它赶快回到洞穴里去。

急于冒险的小鹦鹉嘴龙不情愿地回到了洞穴里。安安这次没有继续休息，而是仔仔细细地检查了一下四周的环境，它要避免危险的发生。

扫一扫

尾羽龙　见解说 13

　　另一片灌木中也发出了些奇怪的声响。安安小心翼翼地靠过去看了看，原来是一只小小的尾羽龙正在寻找嫩叶吃。

　　这种长着漂亮羽毛的小恐龙可不会伤害到孩子们，它只是植食性恐龙。安安的突然出现，把小尾羽龙吓了一跳，连是谁都没看一眼就慌忙逃走了。

安安对于打扰到小尾羽
龙吃饭这件事感到十分抱
歉，但是它要保护洞穴里几
十只小鹦鹉嘴龙的安全，一
点儿疏忽都不能有！

它又仔细检查了一下四
周，周围风平浪静，只有几
个同伴在寻找食物的时候发
出的一丝丝声响。于是安安
放下心来，重新卧在地上，
准备享受一下午后的阳光。

爬兽　见解说 15

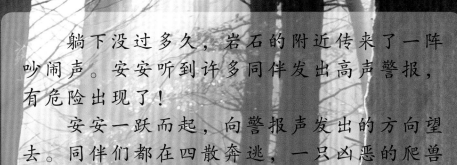

　　躺下没过多久，岩石的附近传来了一阵吵闹声。安安听到许多同伴发出高声警报，有危险出现了！

　　安安一跃而起，向警报声发出的方向望去。同伴们都在四散奔逃，一只凶恶的爬兽正向这里快速逼近！

安安虽然非常害怕，但它绝对不会逃跑，因为它的背后就是幼崽们躲藏的"幼儿园"。它若是逃跑了，身后的"幼儿园"中的孩子们就会有危险。

爬兽渐渐走近了，安安努力克制住后腿的颤抖，它已经做好反击的准备了！

　　面对着身体健壮、牙齿锋利的爬
兽，安安一边高声向同伴们发出求救信
号，一边勇敢地跳起来和它展开搏斗。
　　虽然安安身体小小的，但是却非
常灵活。它灵巧地避开了爬兽的大嘴，
用自己锋利的喙状嘴和有力的尾巴进
行反击。

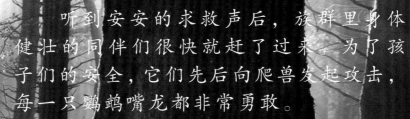

听到安安的求救声后，族群里身体
健壮的同伴们很快就赶了过来。为了孩
子们的安全，它们先后向爬兽发起攻击，
每一只鹦鹉嘴龙都非常勇敢。

很显然，这些鹦鹉嘴龙在保卫"幼
儿园"方面非常有经验，配合得十分默契。

　　勇敢的安安还跳到了爬兽的背上，用自己的喙状嘴狠狠地咬伤了它。凶狠的爬兽惨叫一声，一下子把背上的安安甩了下去。

　　安安跌倒在地上，幸运的是它只是摔了一下，并没有受伤。

　　一番激烈的战斗后，凶狠的爬兽没讨到什么好果子吃，它连"幼儿园"的大门都靠近不了！

爬兽只好放弃这次袭击，灰溜溜地跑掉了。

惊魂未定的鹦鹉嘴龙们丝毫不敢放松警惕。安安伸展了一下被摔痛的身体，它是不会因为这一点儿疼痛就放松警惕的。

小鹦鹉嘴龙们还要在"幼儿园"中住上好一阵子，直到它们的身体发育完好才能离开。在此期间，作为看护者的安安和同伴们责任重大，它们要时刻保持警惕才行。

它们是这个"幼儿园"尽职尽责的保卫者。

《鹦鹉嘴龙幼儿园》解说

1 鹦鹉嘴龙是一种小型植食性恐龙，因嘴酷似鹦鹉的喙部而得名。这种恐龙身材较小，成年鹦鹉嘴龙体长仅有1~2米，采用两足行走的方式生活，较短的前肢一般可做简单的抓取动作。在辽宁出土的化石中有多具鹦鹉嘴龙遗骸集群的情况，因此鹦鹉嘴龙被认为具有集群的生活习性，这种小型恐龙或许以大量聚居的形式来确保自身安全。

2 在对鹦鹉嘴龙的生存年代、身体构造等因素进行研究后，研究人员发现在鹦鹉嘴龙所属的角龙下目中，原角龙、三角龙等恐龙都具备类似现代鹦鹉的喙状嘴。研究人员猜测，由于鹦鹉嘴龙生存年代更为久远一些，因此鹦鹉嘴龙可能是大部分角龙类恐龙的祖先。

3 在一具出土于中国的鹦鹉嘴龙化石上，古生物学家们发现了皮肤覆盖物。这些覆盖物大部分由鳞片组成，按照不规则的大小和顺序排列。这些皮肤覆盖物所形成的皮肤压痕在角龙目较为常见，例如开角龙等角龙下目的恐龙的化石上都曾经发现过类似的压痕。

4 除鳞片外，在一些鹦鹉嘴龙的化石上还发现了一些大约16厘米长的管状毛，这些毛排列在化石的背部到尾部。研究人员猜测这些管状毛或许类似兽脚类恐龙身上的原始羽毛。但鹦鹉嘴龙的毛只有背部到尾部的一排，因此科学家认为这些毛发无法用来调节体温，可能是某种视觉展示物。

5 在对蒙古鹦鹉嘴龙化石的组织检验中，一件较小的鹦鹉嘴龙标本被认定为3岁，体重不足1千克。而目前发现的最大的鹦鹉嘴龙化石标本则有9岁，体重超过20千克。这说明鹦鹉嘴龙拥有相当快的生长速度，能够在短时间内迅速长到成年体形，这要比大部分爬行动物和原始哺乳类快得多，但仍比现代鸟类和胎盘哺乳类缓慢。

鹦鹉嘴龙

鹦鹉嘴龙幼崽

小盗龙

尾羽龙

爬兽

6 至今已发现的最小的鹦鹉嘴龙化石是一只已经孵化的幼崽，它只有十几厘米长。该化石的发现可以表明鹦鹉嘴龙在幼年期间会受到很多掠食者（甚至小型肉食类）的威胁，这或许是鹦鹉嘴龙群会对幼崽进行集中隐藏和看护的原因。

7 在辽宁省北票地区发现的"子母龙"化石上，完整的成年鹦鹉嘴龙腹部下有数只幼崽遗骸，并且在其他化石群中也发现集群的不同年龄的幼崽化石，这些都表明鹦鹉嘴龙不仅有育幼的习性，同时也会将幼崽进行集中看管直到幼崽骨骼发育成熟，这种幼崽集中地类似于鹦鹉嘴龙的"幼儿园"。

8 鹦鹉嘴龙是已经确认的植食性恐龙，它的喙状嘴能够有效地进行对坚硬植物的切割。鹦鹉嘴龙嘴巴里的牙齿呈三叶状，齿根长，齿冠低，能够适应对各类植物的切割，但无法磨碎。同时在鹦鹉嘴龙的腹部常发现胃石，因此认为鹦鹉嘴龙或许无法对食物进行充分咀嚼，只能依靠胃石来帮助消化。

9 研究人员将鹦鹉嘴龙的头骨化石与同时代鸟臀类恐龙的头骨化石进行对比，发现鹦鹉嘴龙的头骨更高而且更短，轮廓几乎呈圆形，颧骨朝两侧突出，眼睛上方生有眼睑骨。除这些特征外，有些种类的鹦鹉嘴龙还生有突出的骨质角。

10 在2010年，研究人员首次提出鹦鹉嘴龙或许是半水生动物的理论。这些研究人员认为鹦鹉嘴龙的尾巴可以起到类似现代鳄鱼尾巴的功能，并辅以前肢拍打、后肢踢水的方式游泳。这种理论是根据多数鹦鹉嘴龙化石被发现于湖泊沉积层、鹦鹉嘴龙鼻孔和眼眶的位置有助于水中换气和视物、鬃毛可能具有舵的作用等而得出的。

11 小盗龙是一种小型肉食性恐龙，经研究表明，小盗龙身上的羽毛是与现代鸟类相同的真正飞羽。这些飞羽分别位于小盗龙的前肢与后肢胫骨上，细长的尾端也长有尾羽，一些种类的头部还长有高高的冠羽。小盗龙不仅是能够进行滑翔的恐龙，也是少见的浑身覆盖羽毛的恐龙。

12 在对小盗龙羽毛化石的研究中，研究人员在其羽毛中发现了狭长的、片状排列的黑色素体。这表明小盗龙很有可能是已知地球上最早出现的羽毛中带有虹光色泽的恐龙，在与现代乌鸦和黑牛椋鸟进行对比后，研究人员猜测小盗龙的羽毛很有可能带有黑色和蓝色。

13 尾羽龙的发现是生物历史上第一次把生长羽毛的动物范围扩大到鸟类之外，这证明了羽毛是早于鸟类先演化出来的。并且在对尾羽龙的化石研究中，人们在尾羽龙胃中发现了胃石，因此尾羽龙很有可能是植食性恐龙。

14 尾羽龙是一种窃蛋龙下目的小型兽脚类肉食性恐龙，大小与鸡差不多。它的前肢短小并覆盖着一排羽毛。此外，尾羽龙的尾尖上也长有一束扇形排列的尾羽，总体形态与现代鸟类的羽毛非常相似。但尾羽龙的羽片都是对称分布的，因此尾羽龙被认为并不具有飞行能力。

15 爬兽属于三尖齿兽类，身长超过1米，是生活在中生代的一种体形较大的哺乳动物。在对爬兽胃部内容物化石进行研究分析后，研究人员发现该内容物为幼年体鹦鹉嘴龙化石，这顿"最后的晚餐"化石也证明爬兽进食时只把猎物撕扯成大块，并不咀嚼。

16 爬兽并不是只会爬行的兽，而是兼具爬行动物和哺乳动物特征的兽类，因此被命名为爬兽。爬兽化石主要发现于中国的辽宁北票市，按照不同的骨骼尺寸及构造分为强壮爬兽、巨爬兽等几个种类。

17 鹦鹉嘴龙拥有强壮的下颌和锋利的喙状嘴，除此之外不具备其他能够用来自卫的"武器"。不仅如此，鹦鹉嘴龙的前肢较短，也不能够用来打斗。所以鹦鹉嘴龙在遇到危险时，除快速奔逃外，只能使用喙状嘴和尾部进行反击。

18 在以往人们对中生代哺乳动物的认识中，生活在那个时期的哺乳动物都是昼伏夜出的食虫动物，在恐龙的对比下显得非常渺小，小心翼翼地生活在巨型恐龙的阴影之中。而自从《自然》杂志发表"中生代哺乳动物吞食恐龙"这一研究成果后，爬兽成为了中生代哺乳动物中凶猛掠食者的代表。

19 在与现今肉食性哺乳动物进行对比后，研究人员发现爬兽拥有三个尖利粗壮的门齿和极为发达的咬肌，这与食腐性动物门齿小、后齿粗壮、咬肌较弱的口腔结构完全不同。因此爬兽被认定为是一种掠食型的哺乳动物。

20 鹦鹉嘴龙与爬兽的联系十分密切。在中国义县所发现的化石群中，研究人员在巨型爬兽化石和水生三锥齿兽化石的腹部，都发现了未成年鹦鹉嘴龙的残骸形成的化石。这不仅证明鹦鹉嘴龙在白垩纪是一种被猎食的目标，还证明了某些种类的中生代哺乳动物并不是躲躲藏藏的小动物，而是非常凶猛的掠食者。

鹦鹉嘴龙骨骼

鹦鹉嘴龙的发现

在1922年的蒙古南部戈壁沙漠中，美国自然历史博物馆工作人员发现了很大数量的鹦鹉嘴龙和鹦鹉嘴龙蛋化石。这是人们第一次发现鹦鹉嘴龙的化石，在同一地层中还发现了翼龙类的化石，这些化石存在于白垩纪时期，这一独特的亚洲动物群被称为"鹦鹉嘴龙——翼龙动物群"。

1 鹦鹉一样的嘴

鹦鹉嘴龙有一个坚硬而且锋利的喙状嘴，吻部向内弯曲，具有锋利的切割表面，可以迅速切断植物，或者咬开坚硬的种子。因为它的嘴与鹦鹉的嘴很像，所以被命名为鹦鹉嘴龙。

鹦鹉嘴龙的生活方式

鹦鹉嘴龙属于群居型动物，由于体形较小，它们经常成群结队地出来觅食，还会聚集在一起繁殖后代。成群生活保证了鹦鹉嘴龙群体中每只恐龙的相对安全，也提高了幼龙的成活率。

中文名称：鹦鹉嘴龙
名称含义：鹦鹉蜥蜴
分　　类：角龙类
食　　性：植食性
身　　长：约2米
生存时期：白垩纪早期
生活区域：亚洲

鹦鹉嘴龙亲代抚养

人们在中国辽宁省义县发现过一个保存完整的鹦鹉嘴龙亲子标本。幼年的小龙在成年的大龙身体下方聚集在一起，这可能是危险来临前母亲对幼龙最后的保护。这个标本有力地证明了鹦鹉嘴龙具有亲代抚育后代的习性。

2 带毛发的尾巴

鹦鹉嘴龙的尾巴上面长有鬃毛状的毛发，这种又粗又长的毛显然不适合用来保暖，很有可能是鹦鹉嘴龙之间互相识别，或者求偶时用来吸引异性的。

3 胃里的秘密

鹦鹉嘴龙属于植食性恐龙，但是它们的牙齿并不能很好地咀嚼植物，所以为了帮助消化食物鹦鹉嘴龙会吞吃一些小石子在胃里面帮助把食物磨碎。古生物学家有时会在鹦鹉嘴龙的胃里找到50颗以上的胃石。

沦为爬兽的食物

鹦鹉嘴龙体形较小，这就注定它躲不过大型动物的捕食。在白垩纪早期的辽宁西部，生存着一种重达14千克的哺乳动物——爬兽。人们在已发现的爬兽化石腹部的位置找到了小鹦鹉嘴龙的骸骨，这说明幼小的鹦鹉嘴龙有时也会很不幸地成为爬兽的盘中餐。

图书在版编目（CIP）数据

鹦鹉嘴龙幼儿园 / 李宏蕾，邢立达主编；新曦雨绘
. —— 长春：吉林科学技术出版社，2018.6
（古生物传奇系列）
ISBN 978-7-5578-3616-0

Ⅰ. ①鹦… Ⅱ. ①李… ②邢… ③新… Ⅲ. ①恐龙—
儿童读物 Ⅳ. ① Q915.864-49

中国版本图书馆CIP数据核字（2018）第 056893 号

鹦鹉嘴龙幼儿园 YINGWUZUILONG YOU'ERYUAN

主　　编	李宏蕾　邢立达
科学顾问	〔德〕亨德里克·克莱因
绘	新曦雨
出 版 人	李 梁
责任编辑	朱 萌
封面设计	吉林省凯帝动画科技有限公司
制　　版	吉林省凯帝动画科技有限公司
全案执行	长春新曦雨文化产业有限公司
美术设计	孙 铭 徐 波 刘 伟
数字美术	李红伟　李 阳　贺媛媛　马俊德　周 丽　付慧娟　王梓豫　边宏斌
	张 博　贺立群　宋芳芳　王 欣　姜 珊
文案编写	惠俊博　张蒙琦　辛 欣　王牧原

开　　本	787 mm×1092 mm　1/16
字　　数	50 千字
印　　张	3
印　　数	1-10 000 册
版　　次	2018 年 6 月第 1 版
印　　次	2018 年 6 月第 1 次印刷
出　　版	吉林科学技术出版社
发　　行	吉林科学技术出版社
地　　址	长春市人民大街 4646 号
邮　　编	130021
发行部电话 / 传真	0431-85652585　85635177　85651759
	85651628　85635176
储运部电话	0431-86059116
编辑部电话	0431-85659498
网　　址	www.jlstp.net
印　　刷	吉广控股有限公司
书　　号	ISBN 978-7-5578-3616-0
定　　价	26.80 元

正版验证激活

打开 App 应用，扫描
激活码激活设备。

扫描

激活码

特别提示：

1. 新设备首次使用本 App，需要重新扫
描激活码进行正版验证激活。

2. 一个激活码可激活 7 次 App，请妥善
保存好激活码。